BEI GRIN MACHT SICH IHR WISSEN BEZAHLT

- Wir veröffentlichen Ihre Hausarbeit, Bachelor- und Masterarbeit

- Ihr eigenes eBook und Buch - weltweit in allen wichtigen Shops

- Verdienen Sie an jedem Verkauf

Jetzt bei www.GRIN.com hochladen und kostenlos publizieren

Geometrie als Erdvermessung

Techniken und Darstellungsformen der Kartographie seit der frühen Neuzeit

Elena Peusch

Bibliografische Information der Deutschen Nationalbibliothek:

Die Deutsche Nationalbibliothek verzeichnet diese Publikation in der Deutschen Nationalbibliografie; detaillierte bibliografische Daten sind im Internet über http://dnb.d-nb.de abrufbar.

ISBN: 9783346690586
Dieses Buch ist auch als E-Book erhältlich.

© GRIN Publishing GmbH
Nymphenburger Straße 86
80636 München

Alle Rechte vorbehalten

Druck und Bindung: Books on Demand GmbH, Norderstedt Germany
Gedruckt auf säurefreiem Papier aus verantwortungsvollen Quellen

Das vorliegende Werk wurde sorgfältig erarbeitet. Dennoch übernehmen Autoren und Verlag für die Richtigkeit von Angaben, Hinweisen, Links und Ratschlägen sowie eventuelle Druckfehler keine Haftung.

Das Buch bei GRIN: https://www.grin.com/document/1254420

Hochschule für Bildende Künste Braunschweig

Institut für Kunstwissenschaft

Modul: Theorie der Kunst

Im Seminar Raumkonstruktionen

WS 2020/2021

Geometrie als Erdvermessung:

TECHNIKEN UND DARSTELLUNGSFORMEN DER KARTOGRAPHIE SEIT DER FRÜHEN NEUZEIT

Elena Peusch

Kunstwissenschaft

Medienwissenschaften

1.Semester

Inhalt

1.Einleitung

Das Zeichenverbundsystem einer Karte hat die Fähigkeit Begeisterung auszulösen. Die Visualisierung von Orten, die in ihr stattfindet, schafft auch an Plätzen, die dem Individuum unbekannt sind, Orientierung und Sicherheit. Dabei können Karten durch Zeichen einheitlich hergestellt werden, welche sie von nahezu jeder Kultur lesbar und verständlich macht. Schon immer war das Bild, welches ein Mensch von der Welt hat, ein elementarer Bestandteil der interkulturellen Forschung. Es scheint fast selbstverständlich, dass Menschen sich seit ihrem Anbeginn mit ihrem Lebensraum befassen und dennoch fanden nahezu alle revolutionären Veränderungen im späten Mittelalter und der frühen Neuzeit statt. [1] Auch die Absicht der Karte wandelte sich über die Jahrhunderte. Dabei fällt der mittelalterliche Raum gesondert auf, da Karten und das zugängliche Wissen dort sehr stark von der Kirche geprägt wurden. Erst im 16. Jahrhundert bis ins 19. Jahrhundert ein großer Wandel durch Erkenntnisse und damit eine Öffnung und Erweiterung des Raums statt. Durch die Vielseitigkeit dieses Themas ist es in diesen Rahmen nur möglich, einige Aspekte zu erwähnen. Diese werden Bezug auf die europäische Kartographie und Geographie nehmen. Am Anfang werde ich auf den Kunstwissenschaftlichen Raumbegriff eingehen und einige grundlegende Begriffe zu Projektionen erläutern. Dabei soll dem Wissenstand des 15.- 17. Jahrhunderts eine besonders große Bedeutung zugeschrieben werden. Nur kurz werde ich auf heutige Techniken verweisen.

In den folgenden Kapiteln soll erläutert werden, welche Funktionen, welches Abbild, welche Rolle und welche Folgen auf eine spätere Zeit die jeweils vorgestellten Karten in ihrer Verwendung hatten. Grundlegend soll in den Kapiteln vier bis fünf der Wandel des Weltbildes von der mittelalterlichen TO-Karte, bis zu der heute noch verwendeten Mercatorprojektion durch von mir ausgewählten kartographischen Darstellungen verdeutlicht werden. Dabei werden historische Daten ebenso hilfreich wie die damals verwendeten Hilfsmittel sein.

---

[1] Stockhammer, Robert: Kartierung der Erde, Macht und Lust in Karten und Literatur. Hrsg. V Gottfried Boehm, Gabriele Brandstetter, Karlheinz Stierle. München 2007, S.:12-14

2.Definition einer Karte

Das Wort Karte kommt aus dem Griechischen „charaso", was so viel wie „Ich ritze in Stein" oder „Ich ritze in Erz" bedeutet hat. Aus dem Altertum sind uns in Stein und Ton gekerbte Karten bekannt. Vermutlich wurde das Wort mit Wörtern benachbarter Regionen zu dem lateinischen Wort „charta" und fand somit seine Verbreitung im gesamten romanischen Sprachraum. In Deutschland publizierte der Kartograph Laurenz Fries zu Beginn des 16. Jahrhunderts eine Beschreibung seiner zuvor publizierten Weltkarte, darin nannte er als erster das deutsche Wort „Karte". Karten haben die Funktion, geographisches Wissen zu manifestieren, welches zusammen mit Wohlstand einer Hochkultur vorausgesetzt wird.[2] Schon Kulturvölker hatten eigene Vorstellungen über die Welt, die jedoch von Mythen und Legenden getragen wurden.[3] Heute zeigt sie ein verebnetes, kleines und erläutertes Bild unserer Erdoberfläche.[4] Der Begriff umschließt Karten, die über ein Geländer verfügen, was Karten über erfundene Länder miteinschließt, Mapping als solches aber ausschließt.[5] Karten besitzen ein Zeichenverbundsystem und sind ein unreines Medium, welches durch seine vielfältigen Abbildungen, Projektionen und Nutzungsmöglichkeiten die Fähigkeit hat, Menschen zu begeistern. Sein Zeichencharakter wird durch seine Kombination von Einzelzeichen verschiedenster Systeme wie Ortsnamen, Gradnetze, Bilder und Geländelinien dargestellt, die das Vorhandensein von Orten in der Karte widerspiegeln sollen.[6] Karten werden einerseits in chorografische und geografische Karten unterschieden, wobei Chorografie nur einzelne Gegenden abbildet und die Beschaffenheit von Orten darstellt. Eine weitere Unterscheidung wird zwischen topografischen- und thematischen Karten getroffen, wobei topgrafische Karten Geländeinformationen abbilden und thematische Karten Sachverhalte in einem räumlichen Bezug aufzeigen.[7] Das letzte Jahrzehnt war innerhalb der Kulturgeografie von einem Wandel des Raumbegriffs gezeichnet, was dem Umgang mit Karten aus Kunstwissenschaftlicher Perspektive maßgeblich

---

[2] Pantenburg, Vitalis. Das Porträt der Erde, Geschichte der Kartographie. Stuttgart 1970, S.:12
[3] Pantenburg,2007, S.: 14
[4] Pantenburg, 1970, S.:7-9
[5] Stockhammer,2007 S.:14
[6] Stockhammer,2007 S.:12-13
[7] Stockhammer,2007, S.:16-17

verändert hat. Die Geografie als solches ist als Leitdisziplin des spatial turn untergeordnet, doch haben die Veränderungen der cultural turn einen Perspektivenwechsel der gegenständlichen Raumtheorie hin zu einer Raumtheorie, die durch Symbole an Sinn und Bedeutung zunimmt. Seitdem steht die Frage im Mittelpunkt, wie Räume Identitäten durch symbolische Verräumlichungen entstehen lassen. Karten sind demnach viel mehr als ein Abbild von Erdteilen, Karten zeigen Orten und Räume und erhalten durch ihre Geschichte Identität. Der Sinn in ihnen wird einerseits durch die navigatorische Funktion bekräftigt und andererseits als Instrument gesellschaftlicher Weltbilder. Bei der Erläuterung und Betrachtung einer Karte muss also immer auch ihr gesellschaftlicher Hintergrund, Ereignisse und Erkenntnisse ihrer Zeit kontextualisiert werden. Erst dann wird die Karte zum Abbild der Kulturgeografie. Das Zeichenverbundsystem ist viel mehr als eine Anordnung von Linien und Formen, es ist eine Darstellung von Dingen, die ihren Zweck bezeugen.[8]

3.Grundlegende Begriffe in Projektionen

Projektionen sind Darstellungen unserer Welt. Durch sie wird versucht, unter Bedingungen, die Lambert 1772 äußerte, die Runde Fläche der Erde auf eine gerade Fläche einer Karte zu projizieren. Bedingungen sind: 1) Winkeltreue, 2) Flächentreue, 3) Abstandstreue. Selten auch die Bedingungen 4) der gradlinigen Abbildung eines gradlinigen Verlaufes und 5) die leichte Auffindung von Orten. Da jede Karte einem anderen Zweck dient und die Projektion einer Kugel nicht ohne Schwierigkeiten einhergeht, können nie alle Bedingungen in einer Karte vorhanden sein. [9] Gültige Projektionen werden durch hypothetische Arrangements in drei Hauptgruppen eingeteilt. Die Zylinder-Projektion beinhaltet einen hypothetischen Gradnetz überzogenen Zylinder, welcher über eine senkrecht stehende Erde gestülpt wird und diese am ganzen Äquator berührt. Durch eine Lichtquelle im Globus werden die Kontinente und Ozeane auf den Zylinder übertragen. Dieser würde am Ende an einer Stelle aufgeschnitten und abgerollt werden.[10] Probleme ergeben sich hierbei innerhalb verschiedener Bedingungen. So fehlt der Mercatorprojektion, auf die ich

---

[8] Stepan Günzel, Julia Lossau u.a. (Hg.): Topologie, Zur Raumbeschreibung in den Kultur- und Medienwissenschaften. Bielefeld 2007, S.:56-59
[9] Stockhammer,2007 S.:20
[10] Der Kartennetzentwurf. Über www.Kartenkunde-leichtgemacht.de/handbuch.php?page=Kartennetzentwurf, (20.03.2021)

im 5.3 Kapitel eingehen werde, die Bedingung 4.) Da keine geradlinige Abbildung eines gradlinigen Verlaufes vorhanden ist. Ein Vorteil hingegen ist, dass die Mercatorprojektion winkeltreu ist, Loxodrome werde in ihr immer als Gerade wiedergegeben. Großkreise im Gegensatz werden als gekrümmte Linien abgebildet, eine Ausnahme ist der Äquator. Es entstehen große Größenverzerrungen in Richtung der Pole. Sodass Grönland wesentlich größer als in Wirklichkeit erscheint.[11] Die Kegel-Projektion versucht die Erde auf einem Kegel abzubilden. Hierfür berührt der mit Gardinen überzogene Kegel hypothetisch die abzubildende Erdoberfläche entlang eines Breitengrades, was zur Folge hat, dass eine Fläche, welche nördlich und südlich des Breitengrades begrenzt wird und dadurch fast verzerrungsfrei auf dem Kegel abgebildet wird. In einer weiteren Variante der konformen Kegelprojektion, berührt der Kegel die Erde in zwei Breitengraden. Es lässt sich dadurch eine zwischen diesen Breitengradem verzerrungsfreie Projektion abbilden. Um auch größere Flächen mit wenigen Verzerrungen zur projizieren, können innerhalb der polykonischen Kegelprojektion mehrere Kegelprojektionen, welche jeweils andere Breitenstreifen abbilden, durchgeführt und später zusammengefügt werden. Die Projektion erfüllt weitestgehend die 2.) Flächentreue. Da sie sich aber nur für die Darstellung kleiner Flächen eignet, wird sie allgemein kaum verwendet.[12] Azimutal Entwürfe wurden schon in Form einer stereografischen Projektion seit der Antike genutzt. Die hypothetische Lichtquelle, welche jegliche Kontinente und Ozeane unserer Erde auf den Entwurf projiziert, liegt hier auf einem der Erdoberfläche gegenüberliegenden Punkt. Durch sie wird eine kreisrunde Fläche winkeltreu durch mathematische Gegebenheiten auf eine Fläche projiziert. Dieses Verfahren ermöglicht jedoch nur die Darstellung einer halben Erde. Wäre die hypothetische Lichtquelle am Nordpol, so würde die Projektion nur ein Abbild der südlichen Hemisphäre ermöglichen. Diese Methode erfüllt weder den 4.) Anspruch einer geradlinigen Darstellung von Linien, welche einem Menschen auf der Erde gerade erscheinen noch die 2.) Flächen oder 3.) Abstandstreue.[13] Neben den drei Hauptprojektionen arbeitet die Kartographie mit der Punktfixierung. Diese soll Koordinaten bestimmen und festlegen. Schon in der

---

[11] Stockhammer, 2007, S.:21-22

[12] Der Kartennetzentwurf. Über: www.kartenkunde-leichtgemacht.de/handbuch.php?page=Kartennetzentwurf

[13] Projektionen. Über: www.unigis.at/minimodul/modul_gisintro/html/lektion13/index.htm, (29.03.2021)

späten Antike entwickelte der Gelehrte Claudius Ptolemäus um 150 n. Chr. ein Gradnetz durch Längen und Breitengraden durch fehlende Kenntnisse und Möglichkeiten entstanden dabei jedoch gravierende Fehler in der Genauigkeit. So bestimmte er durch einen falschen Entfernungsweg der Erde zur Sonne, einen Erdumfang von 30000 km anstatt den heute bekannten 45000 km.[14] Koordinaten wurden in der Antike bis in die frühe Neuzeit entweder durch die Lage von zwei Punkten und deren Beziehung zueinander oder durch die Beziehung eines Punktes zu einem Himmelskörper geschaffen. Die bekannten Methoden waren auf dem Meer jedoch schwer umzusetzen und machten eine winkeltreue Karte für Seemänner sehr notwendig. An Land wurde versucht, durch terrestrische Bestimmungen Messungen durchzuführen. Diese wurde vorwiegend durch Winkelmessungen getan. Im Laufe der Jahrhunderte fanden durch die Technisierung viele Verbesserungen hinsichtlich der Kartographie statt. Seit dem 20. Jahrhundert werden detaillierte Karten durch die Luftvermessung geschaffen. Die entstandenen Bilder werden mosaikartig zu einer Karte zusammengesetzt.

4.Kartographie und Geografie des Mittelalters

Es ist bekannt, dass Karten schon bei den Chaldäern im 17. Jahrhundert vor Christus und bei den Chinesen im 14. Jahrhundert vor Christus existiert haben.[15] Betrachtet man die Antike, so muss die Universalkartographie der Griechen und die der Römer unbedingt getrennt werden. Der griechische Mathematiker Eudoxos der um 350 v. Chr. Lebte war vermutlich der erste Astronom, der aufgrund von Beobachtungen die Kugelgestalt der Erde nachweisen konnte. Fast zur selben Zeit lehrte auch Aristoteles die Kugelform der Erde.[16] Claudius Ptolemäus um 100. Nach Christus prägte spätere Kartografen bis in die frühe Neuzeit. Seine zwei sehr einflussreichen Werke beinhalten umfassendes Mathematisches, Astronomisches und Geografisches Wissen. Seine Projektionen waren an die euklidische Geometrie angelehnt und ermöglichten erste Angaben über Längen und Breitengrade. Sein verfahren ließ sich auch bei neuen Karten problemlos Angewenden.[17] Im Römischen Reich hingegen

---

[14] Stockhammer,2007, S.: 20-21
[15] Pantenburg, 1970, S.:8-9
[16] Pantenburg, 1970, S.: 24
[17] Pantenburg, 1970, S.:25-36

wurden Karten für navigatorische Zwecke geschaffen. Es entstanden Straßenkarten wie die Peutingeriana und Ökumene-Karten.[18] Gegenstand dieser Karte war meistens nur das Imperium Romanum, da solche Karten der Reichsverwaltung hilfreich sein sollten. Für die bekannten römischen gelehrten wie Cicero und Plinus entstand so das Weltbild, die Erde müsse eine im Weltraum schwebende Scheibe sein, deren untere Seite durch Gegenfüßler in einem Gleichgewicht gehalten wurde. Durch die Teilung des Römischen Reiches im Jahr 395 wurde das Lehren beider Weltbilder unterbunden.[19] Die Kreuzzüge sollten zwar unteranderem den gehinderten Welthandel mobilisieren, brachten aber nur wenige Erkenntnisse im Bereich der Geografie.[20] Zur Orientierung nutze man vermehrt Itinerar Karten dargestellt. Sie sollten Wege und Orte auf dem Weg aufzeichnen. Ein Beispiel solch einer Karte ist diese des Matthäus von Paris aus dem 13. Jahrhundert. Sie gab Reisenden eine Entfernung auf einem vorgegebenen Weg in Tagesreisen an. Abseits des Weges war diese Karte nutzlos.[21] Statt sich mit Geografie zu befassen, beschäftige sich das christliche Abendland nur noch mit anderen Aufgaben und Vorstellungen. Die Menschen sollten streng nach den Glaubenssätzen leben und sich nicht mit Erkenntnissen über die Erde auseinandersetzen.[22] Dennoch fanden einige Gelehrte wie Theodulf von Orleans, Johannes Scotus Erigena oder Gerbert von Reims zurück zum Glauben an eine Runde Erde. Am Anfang des 12. Jahrhunderts kamen zu diesem Gedanken Theorien der Araber hinzu. Auch dort gab es zu beiden Theorien Aussagen. [23] Es entstanden Gedankensätze, in denen die Erde als Kugel in Wasser getaucht sei. Dabei sollte die Erde nur auf der nördlichen Halbkugel bewohnt und im Allgemeinen durch die Ozeane in Klimazonen eingeteilt sein.[24]

Das im Mittelalter unter Geistlichen verbreitete Weltbild des Indikopoleustes verstand die Bibel wortgenau. Eine scheibenförmige Erde fungierte demnach als Boden, über dem ein durchsichtiger, gewölbter Kasten als Himmel überspannt war.

---

[18] Pantenburg, 1970, S. 30-32

[19] Heitzmann, Christian: Europas Weltbild in alten Karten, Globalisierung im Zeitalter der Entdeckungen. Herzog August Bibliothek Wolfenbüttel 2006, S.: 7-9

[20] Pantenburg,1970, S.: 46

[21] Stockhammer, 2007, S.: 15

[22] Pantenburg, 1970, S.: 46

[23] Von den Brincken, Anna-Dorothee: Studien zur Universalkartographie des Mittelalters, hrsg. v. Thomas Szabó, (Veröffentlichung des Max-Planck-Instituts für Geschichte, Band 229). Göttingen 2008, S.: 19-20

[24] Heitzmann, 2006, S.:10

Die Erde selbst war darin in die drei Kontinente Europa, Afrika und Asien unterteilt.[25] Diese Weltanschauung wurde maßgeblich in der mittelalterlichen TO-Karte präsentiert. Die Menschen sahen die Verbindung von Realem und Mythologischen bis ins 15. Jahrhundert als Realität. [26]

Schon im 12. Und 13. Jahrhundert gewann die Seefahrt zunehmend an Bedeutung. Karten, mit denen eine Navigation möglich war, wurden immer wichtiger. Sie entstanden unabhängig vom Weltbild des Christentums und trugen später zu einem Wandel des Weltbildes bei. [27]

4.1 Die TO-Karte

Noch im frühen Mittelalter wurde die TO-Karte oder Rad Karte als Weltkarte gesehen. Dabei geht der grundlegende Aufbau der TO-Karte geht auf Isidor von Sevilla zurück. Er entwickelte eine Karte, die auf christlichen Traditionen aufgebaut werden sollte. Die grundlegende Ordnung der Welt wird durch das T dargestellt, da dieses dem Tau-Kreuz des griechischen Alphabetes gleich ist und somit als christliche Heilsbotschaft verstanden wurde. Das in einen Kreis eingezeichnete T soll einerseits das Kreuz Christi und andererseits die Grenze zwischen den Erdteilen symbolisieren.[28] Die drei Söhne Noahs Sem, Ham und Jafet wurde dabei jeweils ein Kontinent zugeordnet. Welche als Stammväter der Welt angesehen wurden. So wird Asien oberhalb des Querstrichs abgebildet, Europa unterhalb des Querstriches auf der linken Seite und Afrika rechts unter diesem. Da Asien oberhalb der Karte abgebildet wird, ist die Karte östlich orientiert. Begründet wird diese Ausrichtung durch den Glauben, dass sich in dieser Richtung das Paradies und in vielen „Mappae Mundi" auch das Haupt Christi befindet. Die Lehre der Klimazonen, welche aus der Antike erhalten geblieben ist, verstärken diese Ausrichtung durch eine zugesprochene Wertigkeit von Kontinenten und Himmelskörpern. Die Erdteile werden durch das Mittelmeer und die Flüsse Nil und Dnjepr getrennt. [29] Aus dem wenigen Wissen, welches die Mönche durch die Bibel, Legenden und Mythen zur Verfügung hatten, entstanden farbenfrohe Karten der Welt, auf denen Jerusalem und Rom meist größer und auffallend abgebildet wurden.

---

[25] Pantenburg, 1970, S.:46.47
[26] Heitzmann, 2006, S.: 23
[27] Pantenburg, 1970, S.: 51.52
[28] Stockhammer, 2007, S.:15
[29] Oswalt, 2015, S.92-97

Unbekannte Orte und Zwischenräume wurden durch Abbildungen von Kirchen, Palästen, Burgen und anderen Sachen überdeckt. Somit war in diesen Karten nur wenig Realität, aber umso mehr Fantasie enthalten. Es muss gesagt werden, dass diese Karten viel mehr eine Bedeutung für den christlichen Glauben spielten als für eine navigatorische Verwendung. [30] Ein bekanntes Beispiel für solch eine Karte ist die Epsdorfer Weltkarte. Sie zeigt das Unwissen der Mönche im Bereich der Geografie und der griechischen Sprache, welche ihnen Zugang zu den bedeutendsten Werken der Antike verschafft hätte. Entstanden ist diese Karte im Benediktinerinnen-Kloster in der Lüneburger Heide und wurde im Jahr 1830 durch einen Zufall entdeckt. Leider ist sie im Zweiten Weltkrieg vernichtet worden, sodass nur noch Kopien erhalten sind. Mit 30 Pergamentblättern, die eine Fläche von 12,74 Quadratmetern ergaben, wird vermutet, dass sie die größte und bedeutendste TO-Karte des Mittelalters war, welche andere Kartenmaler inspirierte. Außerfrage steht die Bedeutung dieser Karte, dass der Tod Christus eine Heilsbotschaft für alle Menschen ist. [31]

4.2 Die Portulankarte und der Weg in die frühe Neuzeit

Im 12. und 13. Jahrhundert war nur sehr wenig über die Gestalt der Erde bekannt. Einzig die Wikinger, waren sie doch von der christlichen Kirche unabhängig, verfügten zu dieser Zeit über umfassendes geografisches Wissen. Es ist davon auszugehen, dass diese ihre Kenntnisse in den Mittelmeerraum brachten. Dieses Wissen ermöglichte es Seefahrern und ersten von der Kirche weitestgehend unabhängigen Kartenzeichnern, Karten zu erstellen, die einen navigatorischen Anspruch besaßen.[32] Portulankarten wurden auf Pergament gezeichnet und zeigten einen möglichst detaillierten Küstenverlauf und ein nur kaum dargestelltes Festland. Die Navigation mit einem Kompass wurde durch Windrosen erleichtern. Um eine Windrose sind um die sechzehn Weitere kreisförmig angeordnet. Die Rosen sind durch Verbindungslinien, den sogenannten Rumben in allen Richtungen verbunden. Der Großteil dieser Karten ist schätzungsweise dem Schiff angepasst worden, ohne dabei wirkliche Himmelsrichtungen oder äußere Einflüsse mit einzubeziehen. Der Name solcher Karten „Portulankarte", leitet sich dabei von den Handbüchern der Seefahrer

---

[30] Pantenburg, 1970, S.:48
[31] Oswalt, 2015, S.: 90-94
[32] Pantenburg, 1970, S.:51-53

ab. Den Portulanen. In ihnen waren erste Informationen über Küsten und Häfen enthalten. [33]

Der Bericht des belgischen Arztes Jean de Bourgogne machte viele Menschen um 1360 neugierig auf die unbekannte Welt und förderte den Glauben der Runden Erde. Unter dem Pseudonym des Engländers Sir John Mandeville, schrieb er über Reisen bis nach China. In seinen fantastischen Berichten waren viele richtige Erkenntnisse über die Beschaffenheit und das Aussehen der Erde vermerkt. In Folge entstanden erste Zeichnungen, in denen die Erde Rund war und Karten, auf denen Ost und West verbunden waren. Die Karte des Ptolemäus wurde bekannter, da diese als Beweis für die Kugelform der Erde gelten sollte, allerdings war dieses Wissen noch immer stark verpönt. [34] Zu Beginn des 15. Jahrhunderts waren nur 11 % der Erdoberfläche bekannt. Dieses änderte sich 1454 durch die Übergabe eines Monopols an die Portugiesen für den Handel mit Indien durch den Paps Nikolaus II. [35] In Folge machte sich der Kapitän Bartolomeo Diaz im Jahr 1487 auf den Weg. Er umfuhr als Erster das Kap der Guten Hoffnung und fand einen Seeweg nach Indien. Vasco de Gama erreichte Indien als erster Europäer im Jahr 1498, dadurch vertrieben die Portugiesen arabische Schiffe weitestgehend vom Seeweg nach Indien und monopolisierten das Geschäft mit den Gewürzen.[36] Um dieselbe Zeit erschien die erste zuverlässige Karte vom Kardinal Nikolaus Cusanus. Als einer der ersten erkannte er die wahre kugelförmige Gestalt der Erde und deren Drehung um eine Achse. Nur durch seinem Rang blieb er vor den Folgen der Kirche verschont. Es ist nicht verwunderlich, dass auch die Marineakademie von Sares in diesem Jahrhundert gegründet wurde. Verantwortlich dafür war Heinrich Infant von Portugal. Die Akademie war die erste Akademie weltweit für die Seefahrt, für sie berief Heinrich die fachbesten Mathematiker, Navigatoren, Astronomen, Seefahrer und Kartographen[37].
Obgleich die Portulankarte bis weit ins 17. Jahrhundert bedeutsam für die Seefahrt blieb, so läuten neue Erkenntnisse und Karten ab dem 15. und 16. Die frühe Neuzeit ein, eine Zeit voller Eindeckungen, die zu einem richtigen Bild der Welt führten.[38]

---

[33] Heitzmann, 2006, S.:44-46
[34] Pantenburg, 1970, S.:55-56
[35] Pantenburg, 1970, S.: 54
[36] Heitzmann, 2006, S.:47
[37] Pantenburg, 1970, S.: 53-55
[38] Heitzmann. 2006, S.:44

5. Der Wandel des Weltbildes und Folgen

Interesse unter einigen Gelehrten, sich mit den Fragen über unsere Erde und des Kosmos auseinander zu setzten. Immer mehr verbreitete sich das von Geistlichen stark verpönte Wissen, dass die Erde Rund sei. Vermehrt passten Kartographen Weltkarten diesem Wissen an und entwarfen Karten, auf denen Ost und West verbunden waren. Die Weltkarte des Ptolemäus wurde regelrecht wiederentdeckt und zeigte, dass Asien auch über westliche Routen zu erreichen war. Einer dieser Gelehrten war der Italiener Paolo dal Pozzo Toscanelli. [39] Neben ersten richtigen Erkenntnissen über Kometenlaufbaren beschäftige er sich mit Fragen wie der Größe des Atlantik, der Größe der Erde, Asiens und Europas. Im Jahr 1457 entstand die erste Weltkarte Toscanellis. Sie stellte Europa relativ genau dar, Afrikas Süden hingegen viel zu klein und Asien durch den Ural und den Hindukusch geteilt. Im Jahr 1474 fertigte Toscanelli seine zweite Karte, die den Weg nach Asien über den Westen zeigen sollte. [40] Der Platzt auf Karten, an dem später Amerika entdeckt werden sollte, war schon ab dem 15. Jahrhundert nicht komplett leer. Dennoch glich eine Karte viel eher einer terra icognita, da fehlende Koordinaten auf den Portulankarte, Seefahrten zum Ende des 15. und am Anfang des 16. Jahrhunderts stark erschwerten.[41] Der genuesische Seefahrer Kolumbus vertraute dem Weltbild von Ptolemäus und mehr noch dem des Physikers Toscanelli und hatte das Ziel, Asien über den Westweg zu erreichen. Toscanelli besagte in seiner zweiten Karte jedoch, dass Europa nur 130 Längengrade von Asien entfernt wäre, wohingegen die Entfernung tatsächlich fast 250 beträgt. Da er schon weitergereist war, als Toscanellis Behauptungen besagten, dachte Kolumbus bis zu seinem Tod nach Ostasien gereist zu sein. Etwa sechs Jahre nach der ersten Reise in die Neue Welt durch Kolumbus waren etwa ein Drittel der Erdoberfläche bekannt, im verglich davor war es ein Viertel.[42] Der Italiener Contarini verlegte die erste gedruckte Weltkarte mit dem eingezeichneten Erdteil Amerika

---

[39] Pantenburg, 1970, S.:56
[40] Paolo dal Pozzo Toscanelli. Über: www.physik.cosmos-indirekt.de/Physik-Schule/Paolo_dal_Pozzo_Toscanelli (29.03.2021)
[41] Stockhammer, 2007, S.: 16
[42] Pantenburg, 1970, 56-65

schon im Jahr 1506. Durch die Vermischung verschiedenster Karten und Wissen entstanden verwirrende Ergebnisse, die nur wenige Kartographen verstanden.[43]

Der Poet und Schriftsteller Americo Vespucci hatte Kolumbus auf seiner letzten Fahrt begleitet. Die Eindrücke, die er auf dieser Reise sammelte, inspirierte ihn zu fantasievollen, gut lesbaren Geschichten, die sich schnell verbreiteten. Einer der aufmerksamen Leser war der Straßburger Professor Martin Waldseemüller.[44] Er entwarf 1507 eine Karte, die er auf Holzschnitze und in der er die „Neue Welt" „Amerika" nannte. [45] Dabei blieb unbekannt, dass sowohl Nord- als auch Südamerika neue Kontinente seien. Diese Entdeckung machte erst der Spanier Bolboa, mit einer Überquerung der mittelamerikanische Landenge im Jahr 1510.[46] Dennoch war die Waldsemüllerkarte für den Beginn der frühen Neuzeit sehr bedeutend. Als wahrscheinlich erste verbreitete Karte nimmt sie Erkenntnisse aus der Antike wieder auf, verarbeitet mathematische Erkenntnisse des Ptolemäus wie die Längen und Breitengrade. Auf der anderen Seite beinhaltet sie erstes Wissen und Eindrücke der Neuen Welt und Wissen aus den Entdeckungsfahrten von Portugal um Afrika herum. Beeindruckend wird dies, führt man sich vor Augen, dass die Epsdorfer Karte erst zweihundert Jahre zurückliegt.[47] Durch die Nachricht, dass die Reise Kolumbus gelungen war, wurde die Konkurrenz zwischen den Mächten Portugals und Spanien stärker. Der Papst Alexander VI. Der für beide Nationen zuständig war, teilte aus diesem Grund die gesamte Erde im Jahr 1492 durch die „linea de Mercatione", welche etwa 500 Kilometer westlich der Kapverdischen Inseln begann und in Richtung des Nordens und des Südens durch den Atlantischen Ozean verlief. Westliche Territorien wurden dadurch Spanien und östliche Territorien Portugal zugesprochen. Diese Festlegung verbat faktisch anderen Nationen reisen in die Neue Welt, welche aus diesem Grund nördliche Seewege fanden. [48] Durch erste Aufzeichnungen erschienen ab dem 16. Jahrhundert Westindien, Nordost Teile Nordamerikas und die Nordküste Südamerikas auf Karten.[49] Dennoch rückten geografische Interessen vermehrt in den Hintergrund, da Spanier in der Neuen Welt

---

[43] Pantenburg, 1970, S.:68
[44] Pantenburg, 1970, S.: 66
[45] Heitzmann, 2006, S.:58
[46] Pantenburg, 1970, S.:66
[47] Oswalt, 2015, S.:119
[48] Pantenburg, 1970, S.:72
[49] Oswalt, 2015, S.: 127

zunehmend Rohstoffe fanden. Spanien, Portugal, die Niederlande, England und Frankreich machten sich auf die Reise, um diese zu finden und daraus ihren Reichtum zu ziehen. Es entstanden Konkurrenzkämpfe um Gold, Land und Handelsgüter. Um die gefundenen Sachen zu schützen, wurde geographisches Wissen geheim gehalten.[50] Erst als der Konkurrenzkampf nach Jahrzehnten geringer wurde, fanden Landvermesser, Forscher und Kartographen ihren Weg in die Neue Welt, Amerika. [51] Das fehlende Interesse an der Geographie hatte jedoch das Ausbleiben nützlicher Karten über Jahrzehnte begünstigt. Um dieses Problem zu lösen, kombinierte der Antwerpener Kartograph Abraham Ortelus verschiedene Karten, ohne den Anspruch, die gesamte Erde genau darzustellen. Sie erschien 1570 als „Theatrum orbis terrarum" und fand eine rasche Verbreitung.[52] Erst um 1600 durch die Einführung des Koordinatennetztes, bunte Bilder, die Wissen über Tiere manifestieren sollten und einem Mix aus Choro- und Geografie entsprechen, verschwinden langsam, bis sie um 1700 nur weiße Flecken noch unbekannter Orte hinterlassen. Karten wurden genauer und gebräuchlicher. [53]

5.1 Erdapfel

Im Jahr 1493 erschien der vom Nürnberger Martin Behaim erste konstruierte Globus. Dieser war mit Pergament überzogen und glich, wenn auch noch ungenau und mit einigen Fehlern in vielen Bereichen unserem heutigen Weltbild. Die Stelle, auf der Kolumbus einige Wochen später Amerika entdecken sollte, war mit Zitaten der Reisebeschreibungen von Marco Polos und Jean de Mandevilles gefüllt. Behaim beurkundet somit seine Abhängigkeit von Beschreibungen aus Bibliotheken und Halbwissen der Wissenschaftlern, war doch die Erde noch nicht umfahren und die runde Erde noch nicht belegt worden. Die wissenschaftliche Arbeit des Zeitgenossen Toscanellis wurde ebenso wie Erkenntnisse des Ptolemäus verewigt. So enthielt der Globus jene Längen und Breitengrade, die Ptolemäus einst bestimmt hatte und Toscanellis irrtümliche Vorstellung der Distanz zwischen Europa und Asien über den Westweg. Seiner Zeit gebräuchlich, wurden große, unentdeckte Gebiete durch

---

[50] Pantenburg, 1970, S.:72
[51] Pantenburg, 1970, S.: 66
[52] Pantenburg, 1970, S.:69
[53] Pantenburg, 1970, S.:76-81

Behaim mit farbenfrohen, märchenhaften gestalten und Herrscherfiguren überdeckt. In diesem Sinne besteht auch eine gewisse Ähnlichkeit zu dem fantasievollen Bericht Mandevilles. Der Globus stellt somit in seiner Bedeutung den wesentlichen Glauben über die Welt bevor der Entdeckung und Festlegung der neuen Welt dar. Genauso kann er symbolisch als absolute Ablösung an den Glauben einer flachen Welt verstanden werden. Der älteste erhaltene Globus bewahrt heute das Germanische Nationalmuseum in Nürnberg auf. [54]

5.2 Die Weltumseglung Magellans

Der Portugiese Magellan war sicherlich in einer für sein Vorhaben günstigen Zeit geboren. Magellan war schon in jungen Jahren auf der See und hatte wohl dadurch den Wunsch, eine Route über den Westen zu den Molukken zu finden. Da Magellan in Portugal nur wenig Hoffnung sah, seinen Plan umsetzen zu dürfen, ging er nach Spanien. Im August 1519 setzte Magellan seine Idee um und fuhr mit einer Flotte aus fünf Schiffen los. Zwischen Patagonien und der Inselgruppe Feuerlands fand er am 28. November 1520 einen Weg zum Pazifik. Den gefundenen Ozean nannte Magellan "mare pacifico", friedliches Meer. Die Fahrt verlief jedoch nicht ohne Schwierigkeiten. Bedingt durch im Voraus unbekannte Länge und Hürden der Fahrt starben viele der Seemänner an Nahrungsmangel, Skorbut oder Angriffen von Einheimischen. Die Gruppe erreichte im März 1521 die Inselgruppe Marianen und segelte von dort zu den Philippinen. Dennoch segelten die Verbliebenen weiter zu den Gewürzinseln.[55] Nach drei Jahren kehrte eines der Schiffe zurück. Dieses gilt als die erste Weltumseglung und war der endgültige Beweis, dass die Erde rund ist. [56]

---

[54] Pantenburg, 1970, S.:63.64
[55] Ferdinand Magellan. Aufbruch zur ersten Weltumsegelung. Über: www.wissen.de/ferdinand-magellan-aufbruch-zur-ersten-weltumsegelung (29.03.2021)
[56] Pantenburg, 1970, S.: 66-68

5.3 Mercator Projektion

Zwar bestand nach der Erdumsegelung Magellans kein Zweifel einer runden Erde, jedoch wurde das Problem einer Kartierung dieser immer prägnanter. Der Antike gelehrte Ptolemäus hatte in seinen Entwürfen auf die Möglichkeit Längen und Breitengrade durch eine Kurve darzustellen hingewiesen, was der Seefahrt jedoch nicht nützlich war. Diese benötigte gerade, winkeltreue Linien, die eine Navigation mithilfe eines Kompasses ermöglichen würde. [57]Z u Mitte des 16. Jahrhunderts fand der in Duisburg lebende Mercator einen Weg, solch eine Karte herzustellen. Mercator hieß mit wahrem Nahmen Gerhard Krämer, zeitgebräuchlich hatte er diesen Namen latinisiert. [58] So entstand 1569 seine winkeltreue Projektion als ein selbst hergestellter Kupferstich mit achtzehn Blättern, die er „Neue Erweiterte Beschreibung des Erdkreises, besser an die Bedürfnisse der Seeleute angepasst" nannte.[59] Die Karte steht symbolisch für die ad usus navigantum, der Beginn einer neuen neuzeitlichen Kartographie.[60] Trotz der hervorragenden Projektion war es notwendig, diese Karte handlicher zu machen, da die gesamte Karte mit ihrer Länge von 208 Zentimetern und einer Breite von 131 Zentimetern einer Seefahrt zu unhandlich war. Dieses geschah von einer heute unbekannten Person, die die Karte in 29 Seiten zerschnitt und folgend zusammenband. Die Zusammenstellung Mercators Karte veröffentlicht erst dessen Sohn im Jahr 1595. Der Titel „Atlas Save Cosmographicae Meditiones de Fabrica Mundi Et Fabricati Figura" den Mercator noch gewählt hatte, sollte auf den mythischen König Atlas von Lypien hinweisen. Diese Namensgebung prägt bis heute, da der Begriff „Atlas" bis heute genutzt wird. [61] Viele Jahrhunderte prägte die Karte unsere Welt, der Grund dafür ist nicht vollständig geklärt. Ansätze sprechen vom Willen Europas, auf Karten besonders präsent zu sein, oder begründen dies durch die Möglichkeit, diese Karte zum Reisen zu benutzen. Lange Zeit konnte man so die Merkator Projektion bei der Tagesschau begutachten und bis heute benutzen sie große Anbieter wie Google Maps oder Apple Maps in

---

[57] Pantenburg, 1970, S.:73-74
[58] Oswalt, 2015, S.:141-142
[59] Heitzmann, 2006, S.:58
[60] Oswalt, 2015, S.:137
[61] Pantenburg, 1970, S.: 74-75

ihren Navigationsdiensten.[62] Mittlerweile wird die Mercatorprojektion jedoch weitestgehend von der Kartometrie abgelöst. [63]

Der Kupferstich, den Merkator nutze, wurde im 15. Und 16. Jahrhundert stark vereinfacht, was viele nutzen, um Karten oder Darstellungen ästhetisch darzustellen. Schnell sichtbar wird das beim Vergleich der Waldseemüller Karte und der Karte von Mercator, die verwendete römische Kanzleischrift verringert unnatürlich aussehende abstünde zwischen den Buchstaben, auch Fehler können unauffälliger korrigiert werden als auf einem Holz. Diese Technik ermöglichte wohl auch einen schnelleren Druck der Karte, wodurch die Produktion von etwa 1000 Exemplaren begünstigt wurde. [64]

6.Schlussbetrachtung

Das Wissen, welches Ptolemäus und einige Zeitgenossen im alten Griechenland über Astronomie und Geografie erkannten und jenes, welches einige Jahrhunderte die Gelehrten Roms vertraten, konnten sich zeitbedingt nicht wirklich vermischen und begünstigten, dass das weströmische Bild der flachen Erde von der westlichen Kirche übernommen wurde. Dieses begünstigte die Vorherrschaft des Christlichen Weltbildes, welches erst durch das Aufkommen von Portulankarten geändert wurde. Die Entwicklungen und Erkentnisse, die in ihnen manifestiert werden, waren der Beginn der Neuzeit. Die Wissensbegier des 15. Und 16. Jahrhunderts löste endgültig alte Glaubenssätze ab und durch die Erkundungsfahrten gelang es in der Geografie und Kartographie einen Aufschwung zu erzeugen, der das Weltbild ein für alle Mal modernisierte. Es lässt sich sagen, dass die Kartographie der frühen Neuzeit bis heute große Auswirkungen hinterlassen hat und mehr als nur die Darstellung der Welt bedeutet. Sie symbolisiert die geistigen Errungenschaften, die zunehmende Selbstbestimmung der Menschen und damit womöglich eine der größten Errungenschaften der Menschheit.

---

[62] MERCATOR-PROJEKTION. Wie Weltkarten unser Bild der Erde verzerren. Über: www. .geo.de/wissen/23377-rtkl-mercator-projektion-wie-weltkarten-unser-bild-der-erde-verzerren (29.03.2021)
[63] Pantenburg, 1970, S.: 74-75
[64] Oswalt, 2015, S.:143-144

Literaturverzeichnis

Der Kartennetzentwurf. Unter: www.Kartenkunde-leichtgemacht.de/handbuch.php?page=Kartennetzentwurf (20.03.2021)

Ferdinand Magellan: Aufbruch zur ersten Weltumsegelung. Unter: www.wissen.de/ferdinand-magellan-aufbruch-zur-ersten-weltumsegelung (29.03.2021)

Stepan Günzel, Julia Lossau u.a. (Hg.): Topologie, Zur Raumbeschreibung in den Kultur- und Medienwissenschaften. Bielefeld 2007

Heitzmann, Christian: Europas Weltbild in alten Karten, Globalisierung im Zeitalter der Entdeckungen. Herzog August Bibliothek Wolfenbüttel 2006.

MERCATOR-PROJEKTION, Wie Weltkarten unser Bild der Erde verzerren. Unter: www.   .geo.de/wissen/23377-rtkl-mercator-projektion-wie-weltkarten-unser-bild-der-erde-verzerren (29.03.2021)

Oswalt, Vadim: Weltkarten-Weltbilder, zehn Schlüsseldokumente der Globalgeschichte. Stuttgart 2015

Pantenburg, Vitalis: Das Porträt der Erde, Geschichte der Kartographie. Stuttgart 1970

Paolo dal Pozzo Toscanelli. Unter: www.physik.cosmos-indirekt.de/Physik-Schule/Paolo_dal_Pozzo_Toscanelli#cite_note-1 (29.03.2021)

Projektionen.
Unter:www.unigis.at/minimodul/modul_gisintro/html/lektion13/index.htm, (29.03.2021)

Stockhammer, Robert: Kartierung der Erde, Macht und Lust in Karten und Literatur, hrsg. V Gottfried Boehm, Gabriele Brandstetter, Karlheinz Stierle. München 2007

Von den Brincken, Anna-Dorothee: Studien zur Universalkartographie des Mittelalters. hrsg. v. Thomas Szabó. (Veröffentlichung des Max-Planck-Instituts für Geschichte, Band 229). Göttingen 2008

BEI GRIN MACHT SICH IHR WISSEN BEZAHLT

- Wir veröffentlichen Ihre Hausarbeit,
  Bachelor- und Masterarbeit

- Ihr eigenes eBook und Buch -
  weltweit in allen wichtigen Shops

- Verdienen Sie an jedem Verkauf

Jetzt bei www.GRIN.com hochladen
und kostenlos publizieren